U0159364

气味

—闻得到的魔法—

图书在版编目（CIP）数据

气味：闻得到的魔法 / (法) 安娜伊斯·马丁内斯,
(法) 奥里安·德沃著；(日) 则竹佑纪子绘；魏林译
. -- 成都：四川文艺出版社, 2023.1
ISBN 978-7-5411-6504-7

Ⅰ. ①气… Ⅱ. ①安… ②奥… ③则… ④魏… Ⅲ.
①气味 - 普及读物 Ⅳ. ①Q434-49

中国版本图书馆CIP数据核字(2022)第222664号

Voyage au pays des odeurs © Actes Sud, France, 2019
Simplified Chinese rights are arranges by Ye ZHANG Agency (www.ye-zhang.com)

本书中文简体版权归属于银杏树下（北京）图书有限责任公司

版权登记号：图进字21-2022-402号

QIWEI: WEN DE DAO DE MOFA
气味：闻得到的魔法

[法] 安娜伊斯·马丁内斯 [法] 奥里安·德沃 著

[日] 则竹佑纪子 绘 魏林 译

出 品 人	张庆宁
选题策划	北京浪花朵朵文化传播有限公司
出版统筹	吴兴元
责任编辑	范菱薇
责任校对	段 敏
特约编辑	胡诗伦
营销推广	ONEBOOK
装帧制造	墨白空间·闫献龙
出版发行	四川文艺出版社（成都市锦江区三色路238号）
网 址	www.scwys.com
电 话	028-86361781（编辑部）
印 刷	天津联城印刷有限公司
成品尺寸	200mm × 260mm
开 本	16开
印 张	8
字 数	200千字
版 次	2023年1月第一版
印 次	2023年1月第一次印刷
书 号	ISBN 978-7-5411-6504-7
定 价	78.00元

读者服务 reader@hinabook.com 188-1142-1266
投稿服务 onebook@hinabook.com 133-6631-2326
直销服务 buy@hinabook.com 133-6657-3072
官方微博 @浪花朵朵童书

四川文艺出版社公众号

关注浪花朵朵
走进神奇的气味世界

后浪出版咨询（北京）有限责任公司 版权所有，侵权必究

投诉信箱：copyright@hinabook.com fawn@hinabook.com
未经许可，不得以任何方式复制或抄袭本书部分或全部内容
本书若有印、装质量问题，请与本公司联系调换，电话010-64072833

浪花朵朵

气味

—闻得到的魔法—

[法] 安娜伊斯·马丁内斯　　[法] 奥里安·德沃 著

[日] 则竹佑纪子 绘　　魏林 译

四川文艺出版社

为什么要做一本关于气味的书？

则竹佑纪子

插图作者

佑纪子一直在追求用画笔展现嗅觉世界。
气味虽然无形，却与人的情感有着千丝万缕的联系。
在有关嗅觉的作品中，大多数都是用文字来描述气味的魅力，
很少通过图片来展示气味给人的感受。视觉与嗅觉能不能打破壁垒，
用画面解读气味呢？这对于年轻的插画家佑纪子
来说，的确是个不小的挑战，却也极富创作的乐趣。

安娜伊斯·马丁内斯
奥里安·德沃
文字作者

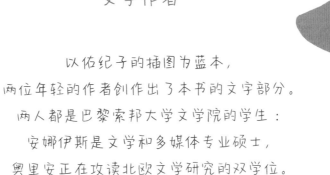

以佑纪子的插图为蓝本,
两位年轻的作者创作出了本书的文字部分。
两人都是巴黎索邦大学文学院的学生:
安娜伊斯是文学和多媒体专业硕士,
奥里安正在攻读北欧文学研究的双学位。
本书的文字撰写和校对工作由二人共同完成,
安娜伊斯负责对话部分,奥里安则对专题部分的文字进行了优化。

杰奎琳·布朗·蒙切特
研究气味的专题记者

杰奎琳是研究气味的专题记者,她是法国高等香水学院评审团的成员,
曾出版专著《气味,感官之元》。
在佑纪子策划这本书的过程中,杰奎琳慷慨地给出了很多宝贵的建议。

目 录

上周我去了
香水博物馆！

香水博物馆？
我从来没听说过。

你当然没听说过啦，
那里上周才开馆。

下周我刚好没什么
事情，咱们要不要
一起去看看？

我在那儿学到了好多知识！

你知道吗？香水里的花香和自然界中的花香完全是两码事！

你的意思是说，
我用的玫瑰味
香水的香味其实不是
玫瑰花的气味？

对，就是这个意思！

我闻了很多香气，
没想到自然界中的气味
也会如此震撼。

自然界中的气味通常是淡淡的、随风而逝的。
这一点与化学合成的香味恰好相反。

不过，每种香水都有自己的独特之处，
这也正是它吸引人的地方。

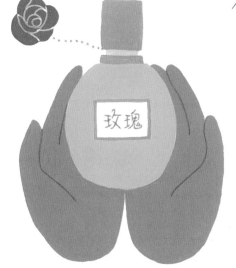

玫瑰

说到香水博物馆，
我想起了另外一件
事情……

找到了！

就是这篇文章。

《意想不到的气味》

唔……
这太不可思议了！

据说有一家很特别的博物馆，
观众在里面能够闻到一种
特殊的气味——
战争时期在山洞里
治疗伤员的气味。

这可比单纯展示图片的
效果要震撼多了。

我想知道，在那里都能
闻到哪些气味？

可能有消毒水味、血腥味……

他们是怎样还原
这些气味的？
难不成真的是
从垃圾堆里
翻出来的？

不不不，
这些气味都是
用气味分子
合成的。

气味真是
千变万化啊！

确实！
不过好闻的气味
和难闻的气味，
是如何给我们带来
不同的情绪感受
的呢？

还是问问懂行的人吧！

正巧我在香水博物馆
遇到了一位嗅觉专家，
不如咱们一起去拜访他。

让我们
开启这场
气味之旅吧！

蒂凡妮

蒂凡妮热衷当代艺术，经营着一家画廊。她好奇心旺盛，勤奋好学，兴趣广泛。她的爱好是阅读和逛博物馆。

乔安

乔安在广告业工作。她擅长交际，活力四射，风趣幽默，这都是她事业上的加分项。在生活中，她对美食情有独钟。

文森特

文森特是花店老板。他从小就喜欢亲近大自然。整日与花草树木为伴的文森特，梦想着成为一名自然艺术家，让植物大放异彩。

第一章

气味
究竟是
什么？

大家好!
我是你们的嗅觉专家!

想要在气味的世界里
一探究竟吗?在这里你会发现
无尽的乐趣!

嗅觉能够让我们对世界的感知更加饱满丰富。

没有气味的生活
会变得了无生机。

是的,
气味虽然无形,
但它与色彩一样重要。

嗅觉系统

嗅觉是人类的五感之一，
下面我们就来看看嗅觉系统最基本的功能
——**感知气味**。

这是花园中一朵
刚刚绽放的玫瑰。

刚刚开花的玫瑰气味最浓烈，
花蕾时期和盛放时期的气味
都没有这一阶段的气味香。

你可以想象玫瑰
周围弥漫着一些
微小的气味胶囊。

这些就是气味分子，
也就是玫瑰的
"可挥发物质"。

想象你在用平底锅翻炒大蒜。

慢慢地，你就能闻到
大蒜诱人的香气了。

这与玫瑰散发花香的原理相同
——气味胶囊从物质中释放出来，
这就是气味散发的过程。

清晨，当第一缕阳光洒向大地，
花瓣在光照下升温，
气味散发出来，
我们就闻到了花朵的芳香。

花朵周围真的有
气味胶囊吗？
我怎么什么都没闻到？

那是因为你离得太远了，
靠近一些再闻一闻。

嗯……
真是太香了！

现在能闻到了吧？
这说明你的嗅觉系统
在正常工作呢！

嗅觉系统的工作原理

只有通过气味分子的刺激，我们才能闻到气味。
在闻气味的过程中，全部嗅觉器官都要参与。

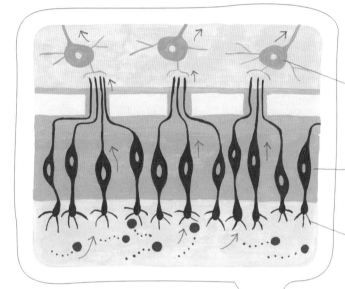

嗅觉神经元

嗅觉上皮组织

嗅觉纤毛

鼻腔

物质散发出的气味分子从鼻孔进入，刺激位于鼻腔顶部的嗅觉上皮组织。嗅上皮上面的嗅觉纤毛捕捉到气味分子后，把它转化为化学信息，以电信号的形式传递给大脑。

多亏了大脑，我们才能分辨出不同的气味。

气味与味道

你发现了吗？我们在生病的时候，往往无法准确地分辨出食物的味道。这是因为鼻腔阻塞，嗅觉变得不灵敏，影响了我们辨别味道的能力。你知道吗？嗅觉与味觉的关系可是相当密切的！

我们一起做个
小实验吧，
请你吃一块草莓糖。

真好吃，我尝到
了草莓的味道。

这次
请你捏住鼻子，
再吃一块吧。

咦？这不就
是一块没有任何
香味的糖吗？

现在
你明白了吧？

这块草莓糖是由
白糖和草莓香料制成的。

草莓香料

白糖

捏住鼻子吃糖的时候，
因为鼻子没有闻到草莓香料的味道，
所以你会感觉和吃白糖没有什么区别。

鼻后嗅觉

嗅觉与味觉是相互作用的，所以鼻塞的时候，你很难尝出所有食材的味道。

鼻后嗅觉又叫口腔嗅觉，是指气味从口腔进入，通过口腔后部与鼻腔联通的管道，再到达嗅皮细胞。这时的气味更像是"吃到"或者"喝到"的。

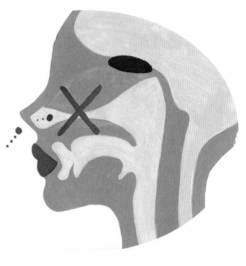

鼻塞时的你

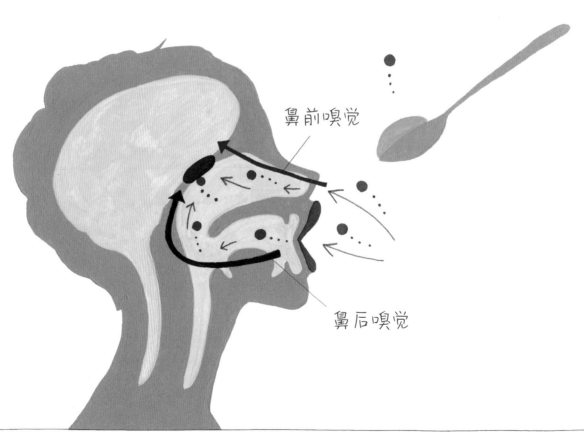

鼻前嗅觉

鼻后嗅觉

气味与记忆

　　气味的奇妙之处还在于它总是与记忆有某种特殊的关联。当我们闻到曾经闻过的气味时，与这种气味相关的回忆经常会突然涌上心头，这是怎么回事？这并不是偶然的现象，它的背后有确切的科学依据支撑。

每年春天，
我都会用一束丁香花
来装点自己的房间。

丁香花的气味让我想起
小时候和妈妈
在乡间散步的场景。

我喜欢这种感觉。

太奇妙了！
在特殊气味的激发下，那些
与气味有关的往事被重新唤醒，
让我们可以重温旧日的时光。

这种回忆机制被称为**普鲁斯特效应**。

马塞尔·普鲁斯特是一位著名的法国作家。在他的著作《追忆似水年华》中，描述了这样一个情节：他品尝了一块用茶水泡过的玛德琳小蛋糕，这个味道让他陷入了童年的回忆中——他想起了小时候，姨妈也给他吃过蘸了椴花茶的小蛋糕。

所以普鲁斯特效应
指的就是这种
由气味引发回忆的反应。

气味触发记忆的原理

气味由鼻孔进入，随后到达情感处理中心——大脑的边缘系统，它可以激活人的记忆。这就是气味能够唤起与某种特殊情感相关的回忆的主要原因了。

一段回忆

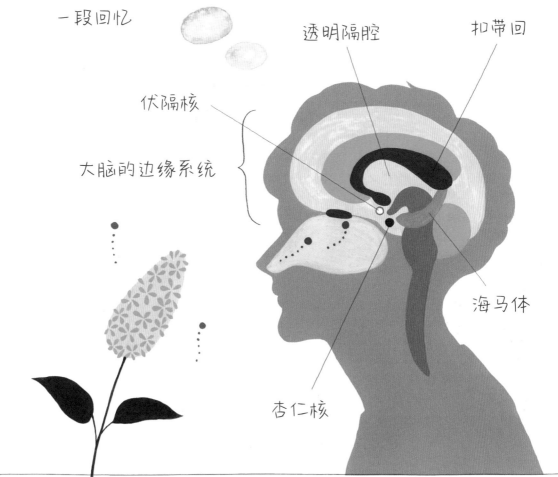

透明隔腔

扣带回

伏隔核

大脑的边缘系统

海马体

杏仁核

难闻的气味

气味并不都是芳香怡人的。我们的鼻子能捕捉到各种各样的气味，难闻的气味也不例外。

我们再来
做个实验。

你觉得这瓶牛奶
过期了吗？

我觉得它过期了。

它闻起来酸酸的，
很难闻。如果喝下这样的牛奶，
我一定会肚子疼的。

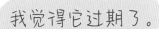

有机物在分解的过程中，会释放出一些物质，那就是腐烂气味的来源。

人类能够察觉到那些对人体有潜在危害的气味和物质。

因此，嗅觉非常重要的功能之一，就是保护我们的健康。

不过，有的时候我们会特意让一些食物发酵，从而获得特殊的口感。

奶酪

一种用牛奶发酵的食品。

鲱鱼罐头

瑞典的鲱鱼罐头用盐水发酵，
开罐后刺鼻的气味扑面而来。

纳豆

日本的纳豆是用
发酵后的黄豆制成的。

如果我吃了很多
臭臭的食物，
我的身体闻起来
会不会也很臭？

好问题！
不过答案是否定的。

举个例子吧，纳豆中含有大量的
膳食纤维，能够帮助我们清理肠道。

膳食纤维

膳食纤维有助于肠道运动，
能帮我们把肠胃里散发
难闻气味的物质消灭干净。

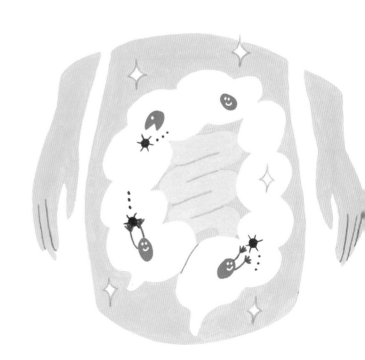

奶酪由牛奶发酵制成。在制作过程中，会产生微生物、细菌和霉菌。

细菌

霉菌

奶酪表面布满了蓝绿色的霉菌，
这就是奶酪"臭味"的来源，
它们也赋予了奶酪独特的风味。

所以即使吃了"臭臭的"奶酪，
我们的身体也不会变臭。

我们身体散发的气味来自
皮肤表层的腺体。

从腺体分泌出的气味
分子散发到空气中，
体味就产生了。

人体的气味主要来自汗液、护肤品。
我们吃的食物，特别是辛辣、刺激
的食物，也会让人体散发气味。

体味产生的原理

皮肤的构成

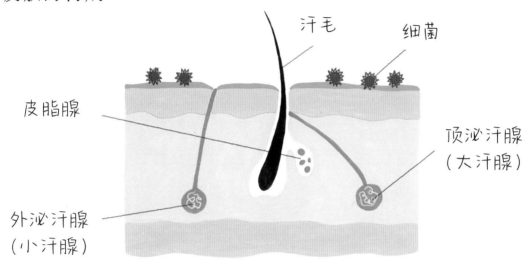

汗毛

细菌

皮脂腺

顶泌汗腺
（大汗腺）

外泌汗腺
（小汗腺）

1. 皮脂腺

　　皮脂腺位于皮肤下方，它分泌的保护膜不仅能滋润皮肤，还能保护皮肤免受污染和高温的伤害。这层保护膜被称为皮脂，皮脂中的脂肪酸经过细菌的分解，会变成不饱和脂肪酸，因此产生难闻的气味。

2. 外泌汗腺（小汗腺）

　　外泌汗腺也叫小汗腺，它遍布人的全身，主要集中在手掌、脚掌和额头。体温升高时，外泌汗腺开始排汗。汗液本身没有特殊的气味，但是接触到皮肤表面的细菌，就会产生难闻的气味了。

3. 顶泌汗腺（大汗腺）

　　顶泌汗腺也叫大汗腺，它与外泌汗腺的功能一致，只是所处的位置不同。它位于毛孔较为密集的部位，比如鼻子、腋窝和生殖器官周围。顶泌汗腺的特别之处在于，它分泌的汗液中含有大量的脂肪。脂肪含量越高，就会吸引更多的细菌，产生强烈的臭味。

4. 细菌

　　我们身上到处都是细菌，除了少数细菌具有致病性以外，大多数细菌都是无害的，甚至有些细菌对我们的身体还大有益处，比如肠道中帮助消化的益生菌。至于皮肤表面上的细菌，它们是汗液臭味的来源，但是对人体没有害处。

所以人们为了掩盖身上的汗味，就创造出了香水。

我猜得对吗？

正是如此！

在几个世纪前的法国，当时的人们没有每天洗澡的条件，

所以他们就用香水来掩盖身上的味道。

不仅法国人爱用香水，从古至今，全世界的人们都在使用香水。

埃及

古埃及人在制作
木乃伊的时候，
会使用芳香精油
来防腐。

印度

在印度风俗中，
人们通过焚烧香料
来悼念逝世的人。

日本

古代日本的贵族
通过燃烧线香来改善
室内和衣物的气味。

芳香产品

日常生活中，我们会用
到很多芳香产品。

洗护用品

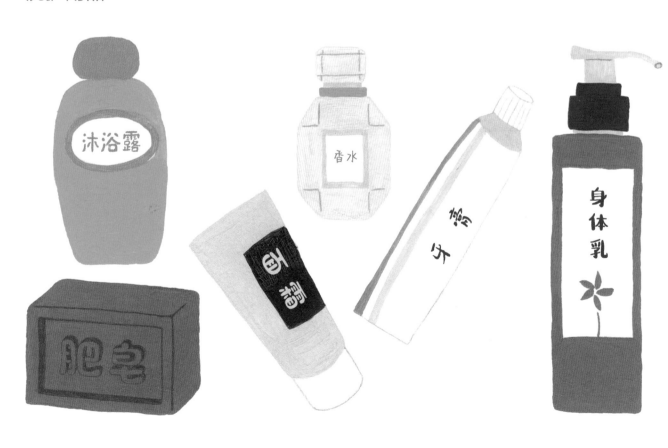

家居用品

食品

我有一张气味地图
可以送给你们。

气味地图是什么？

你们可以去找我的朋友，
她是一位香水调香师，
她会告诉你们
有关气味地图的秘密。

气味地图

橙子

肉豆蔻

辛料香

柑橘香　　柠檬

木质香

茉莉

花香

百里香　薰衣草　　　　檀木

芳草香

鸢尾　　　　　　　　　　　　　　　　香根草

柏树

化学物质及
人工合成香料

新洋茉莉醛

"希蒂莺"

乙醛

西瓜酮

麝香
（现在这种气味已经被人工
合成的化学物质代替了）

动物香

玫瑰

矿物香

第二章

畅游
香氛世界

我是调香师，
  借助嗅觉创造香水的人！

很期待能与各位
一起进入美妙的香水世界。

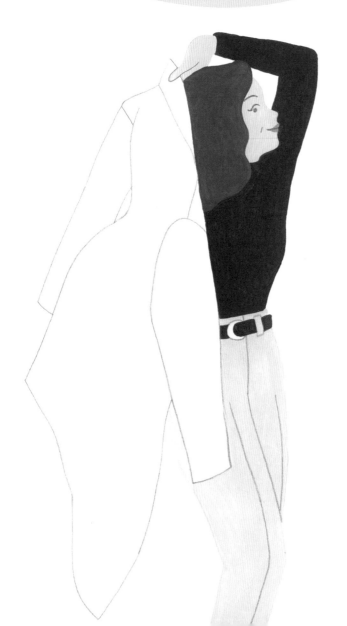

在我们的生活中，
  香水无处不在。
    我被它的魅力深深吸引。

好啦，带你们参观一下
  我的实验室吧！

香水是什么?

提到**香水**,你首先想到的是什么?
是电视里五光十色的香水广告吗?还是商场里琳琅满目的小瓶子?
这些只是香水的商业包装,要想探索真正的香水世界,
请跟我来吧!

香水到底
是什么呢？

别急，我马上
为你解答。

简单来说，香水可以看作
是一种混合的芳香剂。

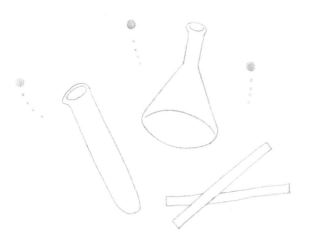

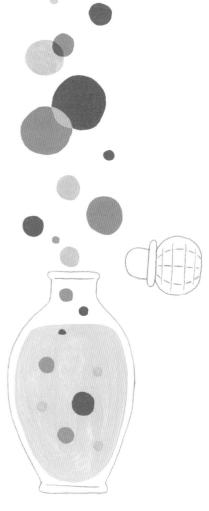

再准确点儿说，香水是用
酒精和很多不同类型的香精
混合而成的液体。

不过，
香水的奥秘远不止这些。

对我而言，
创造香水不仅是科学的调配，
更是一种艺术。

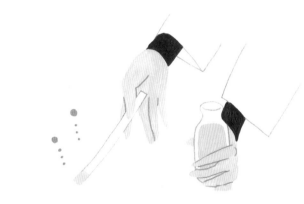

来看看我做的香水吧！

这瓶香水的创作灵感来自
19 世纪法国印象派画家雷诺阿的油画
《花园中撑阳伞的女人》，
场景中用了大量的绿色调，
鲜花占据了很大一部分画面。

调香师的工作不只是
辨别气味那么简单，
我们还要充分了解
嗅觉器官的工作原理，
感受不同气味混合碰撞的魅力。

给大家介绍两位
我非常崇拜的调香师。

让·克罗德·艾列纳

艾列纳是爱马仕公司的著名调香师，
我十分欣赏他对于香水创作的态度。
他对自己的选择自信且坚定，
这是调香师身上难得一见的优秀品质。
其实调香与其他的艺术创作一样，
灵感常常来源于创作者个人的
情绪或者感受。

玛蒂尔德·劳伦

玛蒂尔德的人生堪称完美！
她毕业于法国 ISIPCA 国际香水学院，
曾任职于娇兰公司，
目前是卡地亚的调香师。
她活力四射，魅力无穷。

如何 提取气味？

这是嗅觉专家给我们的气味地图，可是我实在想不出，
如何从这些物质中提取气味？到底是什么东西在散发着香气？
香水的基础原料又是什么？

首先，精油是香水中必不可少的东西。

我们从原料中萃取精油，
精油浓缩了
天然物质中的精华。

此外，我们还会在香水中
加入人工合成的气味，
有的时候甚至会用它完全替代
天然的气味。

60

精油的萃取方法

萃取精油的方法有很多种，要根据不同的原料来选择适合的萃取方法。

1. 脂吸法

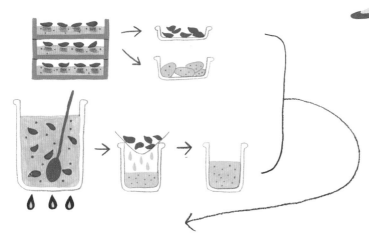

高温脂吸法：把油脂与花朵一起放在热锅中，每天更换新鲜花朵，直到油脂充分吸收花朵的芳香成分，达到饱和。这个过程大概需要十天。

低温脂吸法：把植物放在冷却的油脂上，然后用新鲜的花朵替换那些已经贡献出全部精华的旧花朵，不断重复这个过程。经过三个月左右，把吸满香气的油脂溶化，再进行下一步操作。

低温脂吸法适用于萃取不宜长时间储存的娇嫩花朵。在玻璃板的正反两面涂满无色无味的油脂，把花朵放在上面，再把玻璃板一层一层摞起来，不同种类的花朵放置的时间长短不同。

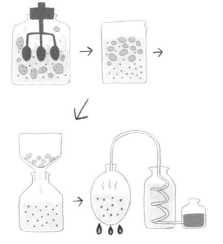

无论是低温脂吸法还是高温脂吸法，吸满了香气的油脂都要被倒入搅拌器中，用酒精浸泡和冲洗，经过处理后，酒精会吸取油脂中的花朵香气。然后再把混合物进行过滤，得到高浓度萃取物。这种高浓度萃取物在香水业术语中叫作"原精"。

2. 水蒸馏法

把芳香植物与水共同加热，植物中包含芳香成分的精油会随着水蒸气一起被蒸馏出来。在冷凝管中冷却后，再经过油水分离，我们就可以得到精油。

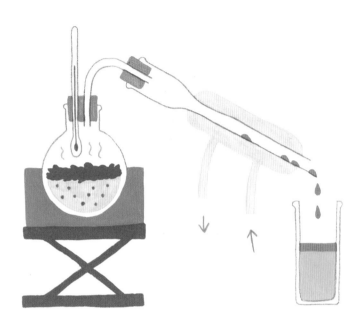

3. 挤压法

挤压法适用于提取柑橘类的精油，比如柠檬精油或者橙子精油。萃取的原料是植物的果皮，果皮经过机器挤压后，会渗出带有香味的油水混合物。然后把混合物进行离心分离和过滤。最后，经过浓缩而成的精油就可以用来制作香水了。

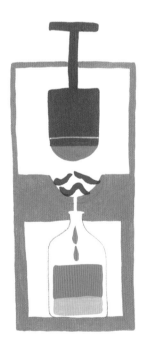

4. 挥发性溶剂萃取法

这种方法的原理是把芳香成分溶于酒精等挥发性溶剂中，蒸发后得到萃取物。

首先把植物原料放在巨大的钢桶里，也就是"萃取器"中，然后让芳香物质在挥发性溶剂中反复浸泡，经过分离和过滤，溶剂挥发后得到膏状物。这与脂吸法得到的物质类似，所以我们也可以从这种膏状物中提取"原精"。

5. 超临界二氧化碳萃取法

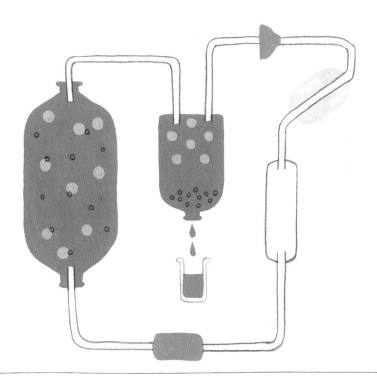

这种方法其实就是用达到超临界状态的液态二氧化碳来替代上一种方法中的酒精或者其他溶剂。然后借助减压、升温的方式，让二氧化碳恢复成气态，与精油分离，完成萃取。

芳香物质

香水通常是由多种气味混合而成的，不同香气之间微妙的关系，
是一款香水能够独树一帜的秘诀。

芳香物质分为三大类：

1. 天然物质

香气直接取自
植物、矿物、动物腺体等天然物质。

2. 其他来自自然的物质

用来替代天然物质的其他自然芳香物质。
例如，紫罗兰的香气太微弱，无法从花朵中萃取，
于是我们可以用鸢尾花的香气来代替它。

3. 人工合成物质

用一些天然物质或者人工香料
组合而成的芳香物质。

香调家族

柑橘调

闻起来像各种柑橘的味道！
这种香调闻起来清新自然，
令人心情愉悦，
活力四射。

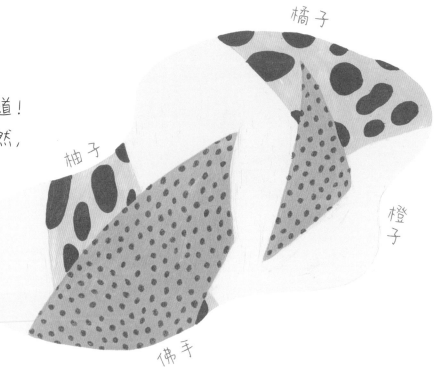

橘子

柚子

橙子

柠檬

佛手

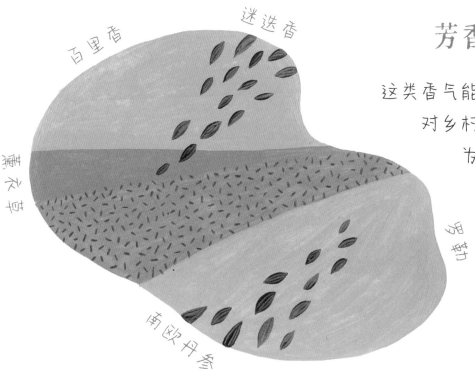

百里香

迷迭香

芳香调

这类香气能够唤起人们
对乡村田野的渴望，
为香水注入清新的香味
与满满的生机。

薰衣草

鼠尾草

南欧丹参

花香调

花香调层次丰富，柔和轻盈，
它能让人感到满满的幸福和无尽的喜悦。
花香调是香水界的核心香调，
你能在很多香水中闻到
它的味道。

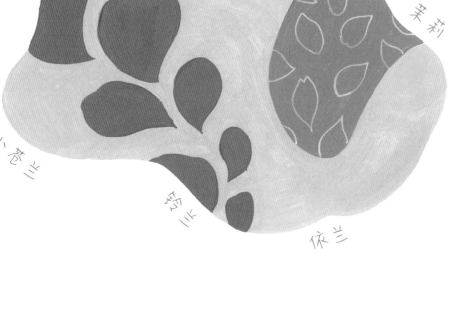

晚香玉
玫瑰
茉莉
小苍兰
铃兰
依兰

辛香调

这类气味闻起来个性十足，
它能给香水带来神秘感。

香菜
小豆蔻
丁香
肉桂
肉豆蔻

西瓜酮

水生调

水生调为香水增添了许多独特的魅力，
它充满了自由感、空间感和透明感，
令人心旷神怡。水生调的香气
不是从自然界中提取出来的，
它是人工合成的气味。

洋茉莉醛内酯

海风醛

绿叶调

绿叶调中的青草香
会让人联想到大自然，
还有天真烂漫的
青春气息。

紫罗兰叶

树香

女贞醛

醛

醛是一种化合物，
它的加入能够让花香调
更加丰润饱满，
是调香师创作香水的利器。

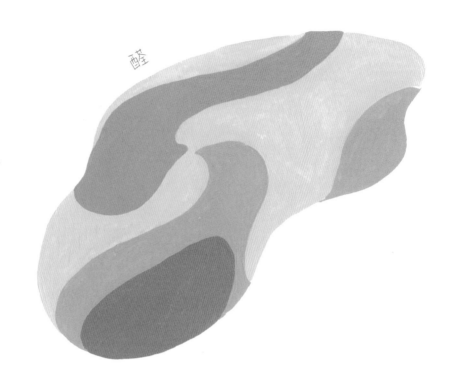

醛

木质调

木质调闻起来考究雅致，
为香水带来了温暖的感觉。
它能够平衡各类香调，
衬托其他的香气，
使香水更有层次感。

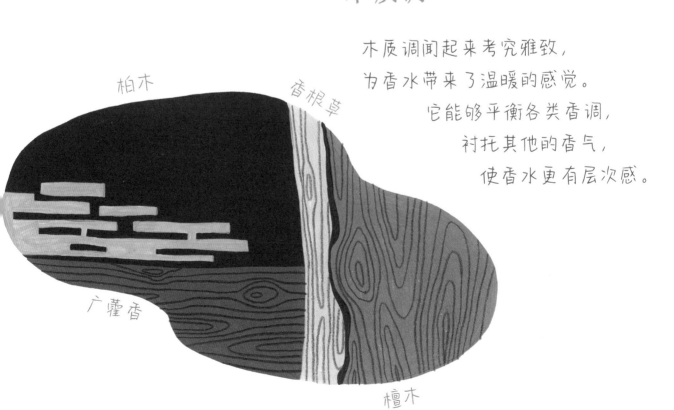

柏木

香根草

广藿香

檀木

馥奇调

1882 年，香水品牌
乌比冈创造了一款名为
"皇家馥奇"的香水。
此后，馥奇调就成了
男士香水的经典配方之一。

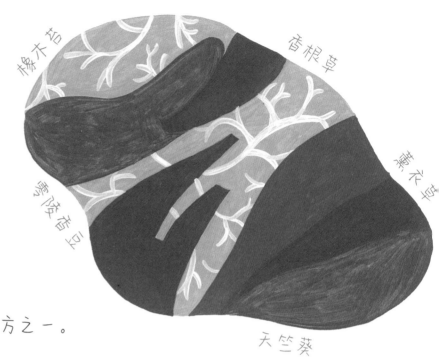

橡木苔　香根草　薰衣草
零陵香豆
天竺葵

美食调

美食调包含巧克力、香草、
焦糖、蜂蜜等食品的气味，
它能为香水注入
积极乐观的能量。

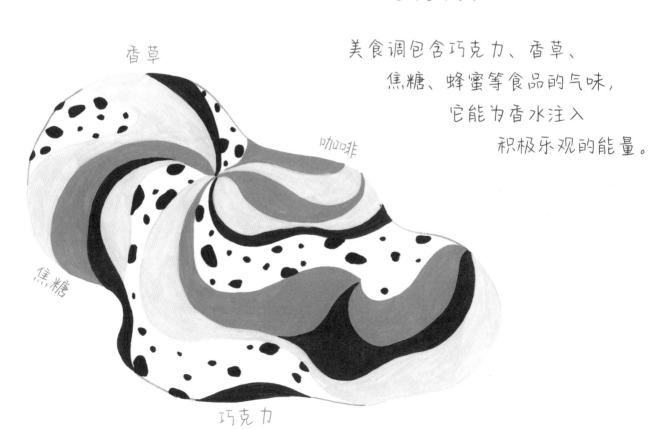

香草
咖啡
焦糖
巧克力

粉质调

粉质调是一种带有柔和感和
丝滑感的气味，
可以通过鸢尾花与麝香
调合而成。

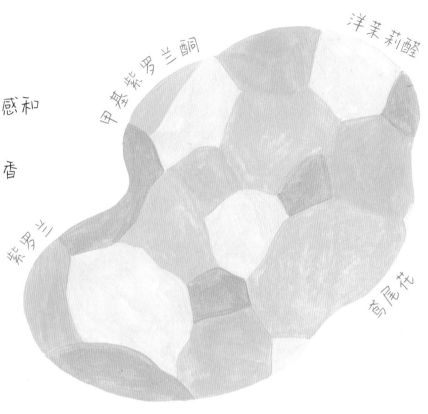

甲基紫罗兰酮

洋茉莉醛

紫罗兰

鸢尾花

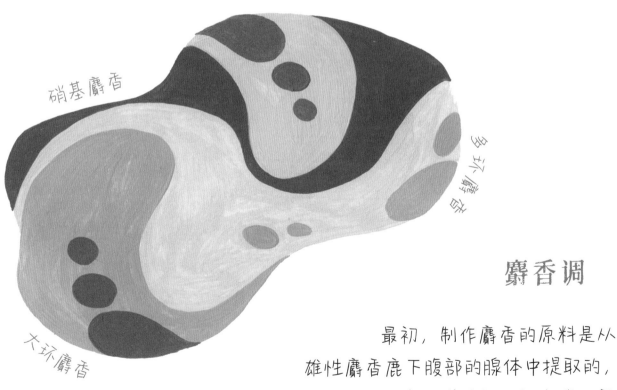

硝基麝香

多环麝香

大环麝香

麝香调

最初，制作麝香的原料是从
雄性麝香鹿下腹部的腺体中提取的，
不过现在已经不允许这样做了。如今我们闻到的
麝香调都是通过人工合成得到的。

东方调

风情万种的东方调香气
自问世以来就收获了
众人的倾慕,
其中温暖的
辛辣感
能够很好地
烘托出
东方的
神秘氛围。

广藿香
佛手
肉桂
香草
零陵香豆

皮革调

皮革调是男士香水的首选气味,
它雄厚有力,充满阳刚之气。

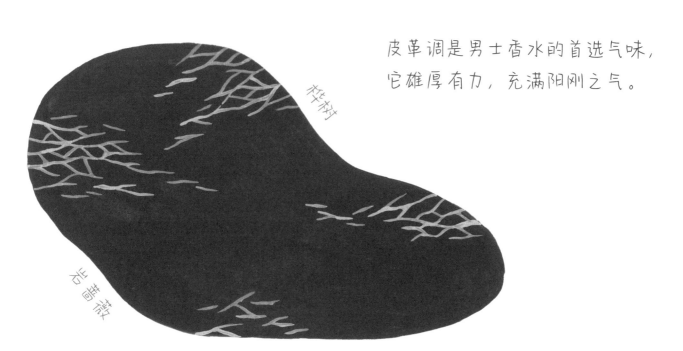

桦树
岩蔷薇

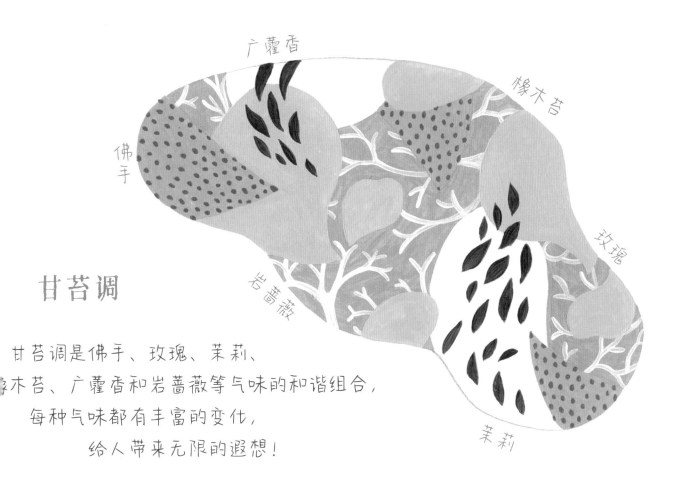

广藿香

橡木苔

佛手

玫瑰

岩蔷薇

茉莉

甘苔调

甘苔调是佛手、玫瑰、茉莉、
橡木苔、广藿香和岩蔷薇等气味的和谐组合，
每种气味都有丰富的变化，
给人带来无限的遐想！

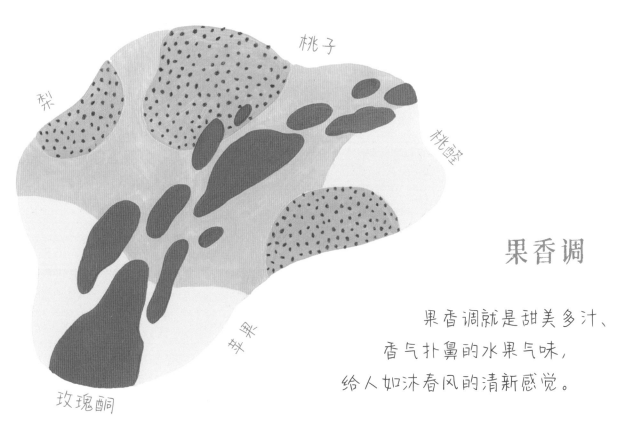

桃子

梨

桃醛

苹果

玫瑰酮

果香调

果香调就是甜美多汁、
香气扑鼻的水果气味，
给人如沐春风的清新感觉。

香水的组成

我们已经了解了每种香调的特点，
现在可以试着把它们组合起来了。
搭配各种气味是香水制作过程中最具创意的时刻，
它决定了最终成品的香味走向以及风格特点。

香水的调性
可以分成三类，
分别是前调、中调
和后调。

因为不同香调的挥发速度不同，所以一种香水在不同的时间可以闻出不同的味道。

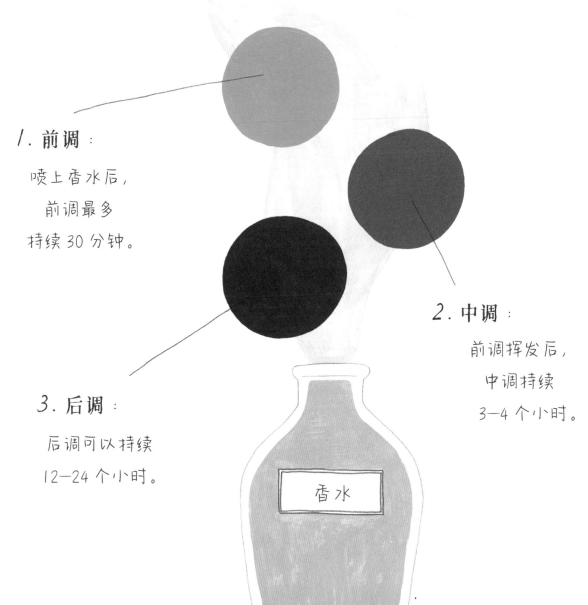

1. 前调：

喷上香水后，
前调最多
持续 30 分钟。

3. 后调：

后调可以持续
12—24 个小时。

2. 中调：

前调挥发后，
中调持续
3—4 个小时。

香水

每种调性都来自
不同的香调家族，
你们能分辨出
它们分别
是什么香调吗？

前调

柑橘调、
芳香调……

中调

花香调、
果香调……

后调

辛香调、木质调、
甘苔调……

悄悄告诉你一个
生活小窍门：
可以借助香水
来调整一天的心情。

早　晨

美好的一天，用清爽宜人的
柑橘调香水开启。
佛手和柠檬的气味能让你的头脑
更加清醒、积极地迎接新的挑战

白　天

在芬芳馥郁的花园中度过工作时光，
听起来是不是很棒？
让茉莉与玫瑰的温柔气息
时刻伴你左右，把压力一扫而光。

夜　晚

带有麝香调的柏木香在空气中飘散，
将夜晚笼罩在妙不可言的深邃气息里。
你会选择让这种气味在暮色中渐渐飘散
还是想加入一丝清新的柑橘调
延续今晚的活力呢？

香水的艺术

到目前为止，我们学习了香水制作的原理，认识了常用的香调。不过香水真正的迷人之处，在于它能够营造不同的氛围，激发人们内心的情感，这才是香水的艺术。

木质调，
独具一格的
芬芳。

我喜欢
有个性的香水。

以前，我经常使用花香调
和果香调的香水，因为那个
时候我很喜欢
甜美清新的气味。

随着时间的推移，
我觉得这两种香调
过于常见并且有些稚气，
不符合我的品味了。

现在我更欣赏木质调的深沉，
这种气味可以让我显得更有"女人味"。

有的时候，我甚至还会用点儿
男士的木质调香水。
是不是很奇怪？

你知道吗？木质调香水
曾经是男士的专属。

但是现在，
使用木质调香水的女士
越来越多了。

当代女性对这种气味的选择，
在某些程度上也体现了她们对独立的追求吧！

果香调，
如夏天般活力四射的
动感气息。

我想要活力四射、
元气满满的气味。

夏天是我最爱的季节，
因为它充满了能量，
让人忍不住想要动起来。

我仿佛置身于
洒满阳光的花园中，
到处都是热烈绽放的生命。

建议你选择清爽
活力的柑橘调香水，
或者甜美多汁的
果香调香水。

像百里香
和薰衣草这样的
芳香调香水也是
不错的选择哦！

它们闻起来就像是
沐浴在阳光下，
令人浑身充满活力。

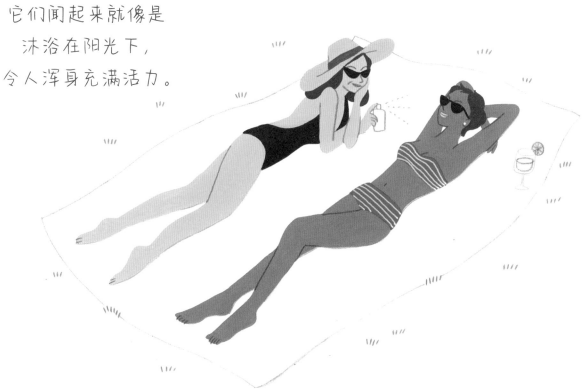

香根草，
大自然的呼唤。

我是花店的老板，
我热爱大自然。

我非常迷恋
花店里的味道，
在那里我仿佛
置身于大自然中。

我不仅能闻到
鲜花的馥郁，
还能闻到绿叶的清香。

我现在要找的是一种干净、清爽的香气，
而不是甜美放松的气味。

清新的香气……
要不要试试带有原始自然气息的
香水呢？

香根草、柠檬和辛香料，三合一的味道
怎么样？或许可以再加一点儿烟熏调或者
皮革调。这款香水对于热爱自然的
男士来说再合适不过了。

94

我们都找到了
适合自己的香水！

那真是太好了！

你好呀，
调香师
女士！

你好！

第三章

嗅觉与味觉的美妙交融

我经营了一家餐厅，
同时担任这里的主厨。

烹饪世界包罗万象，
与香水世界一样乐趣无穷。

我喜欢探索
新的味道与口感。

我想要发起一场
食谱的革命，
把我的创意
与餐厅里的客人分享。

烹饪中的芳香元素

如果要为某道菜搭配恰当的香料，必须先了解每样食材的原本味道。

烹饪的时候，
如果想让食物的口感更丰富，
你会怎么做呢？

我会加些香料！

或者加入一些
芳草之类的植物！

没错，还有一些
液体调味料和芳香食材
也可以给食物带来
独特的香气。

香料

香料指的是带有特殊气味的可食用植物，通常用来给菜肴调味、添香或者上色，有时也用于保存食物。市面上常见的香料通常是晒干的植物种子，也有用水果、谷物、植物根皮、花叶等部分研磨成的粉末。

芳草

芳草指的是带有香气的天然植物，它们不是作为蔬菜食用的，而是用来给其他食物添加香味，或者作为摆盘的装饰，给菜品增加一丝清爽的气息。

液体调味料

液体调味料指的是油、醋、酱油等液体，可以用来调味或者提升口感，通常由一种或者多种芳香食材制成，能够为菜品快速添加厚重的口味。

其他芳香食材

我们经常吃的蔬菜、肉、蛋等食物，它们本身就带有味道。虽然这些食物主要是用来填饱肚子的，但是我们也可以发挥想象，对它们进行创意的组合和搭配，从而获得全新的口感和味道。

香料

孜然

孜然在很久以前就出现在人们的餐桌上了，在古埃及时期的食谱中就有它的身影。孜然的气味清爽，略带苦味，我们常会在印度菜中品尝到它的味道。

小豆蔻

小豆蔻具有十分清新的甘甜香气，它能让人联想起桉树的芬芳，通常在烹饪肉食或者制作甜点时使用。小豆蔻价格高昂，仅次于藏红花和香草，所以又有"香料女王"的美誉。

八角

八角的叶子和种子晒干后会产生非常浓厚的香气，与茴香和肉豆蔻相似。八角可以用来增加菜肴或饮料的风味。古埃及人曾用八角给木乃伊防腐。

桂皮

桂皮就是桂树的树皮。它的香气甘甜温润，具有木质调的厚重感。桂皮是众多菜品中的灵魂所在，尤其能在甜品中大放异彩。

丁香

这种香料来自丁香花的花蕾，它具有非常强烈的特殊香气，经常用来给以甜味或者咸味为主的菜品增添风味，在肉类、青菜和糕点中也能见到丁香的身影。它还是烹饪圣诞菜肴的必备香料之一。

辣椒

辣椒最早起源于中南美洲，现在已经被全世界广泛使用了。辣椒能引起火辣辣的疼痛感，所以一定要适量食用。只有掌握好辣椒的用量，才能给菜品锦上添花。

香草

香草是世界上最珍贵的香料之一，它香气馥郁，兼具话梅与奶油的香气，通常广泛用于甜品中。香草制品分为许多种，包括香草种子、香草粉末、香草精油等。

芳草

百里香

    百里香产自地中海，是普罗旺斯食谱中的常客。它的香气异常持久，即便在高温环境中也能维持清新的芳香，因此特别适合那些烹饪时间较长的菜品。

罗勒

    嫩绿香甜的罗勒叶不仅可以为菜品增添风味，还是一种不错的天然装饰。不过罗勒叶的香气不耐高温，最好生吃。用来搭配意面食用的青酱就是以罗勒为主要原料制成的，它还可以用来搭配鱼肉和比萨食用。

香菜

    香菜长着锯齿形的翠绿色叶子，质地柔软，在亚洲和南美洲被广泛使用。香菜气味清新，甚至被用来制作清洁剂，不过并不是所有人都喜欢它的气味。

薄荷

薄荷是最受欢迎的芳草之一，它香气怡人，用途广泛。薄荷清新甜美的气味不仅与沙拉和腌菜是绝佳搭配，还经常出现在日化用品中，比如牙膏、清洁剂、驱虫剂等。

小茴香

小茴香的叶子很细，它的香味既像柠檬一样清新，又和茴香有一点儿相似。不过，小茴香的香味很淡，不耐高温，所以更适合生吃。

迷迭香

迷迭香的香气强烈，带有樟脑味，会令人联想到松树的气味。它具有除臭的功能，常常用于腌制或者烹饪肉类、鱼类等食材。

液体调味料

橄榄油

橄榄油是从橄榄中榨取的植物油，它是当代厨房里必不可少的调味料。橄榄油带有果香，这是它与其他食用油最大的区别。在地中海地区，橄榄油可以与熟食、腌制食品以及生食菜品搭配食用。

意大利香醋

这种起源于意大利的香醋，是从酸化的葡萄汁中提取出来的，其中的葡萄果香十分适合给沙拉调味，在制作肉食甚至甜品时也会用到它。香醋会给食物添加一丝清新的果香，令口感更加丰富。

酱油

酱油是一种从亚洲走向世界的著名调味料，它以黄豆和小麦作为原料酿造而成。如果你是第一次闻到酱油的气味，有可能会觉得它很刺鼻，但实际上酱油的气味十分和谐，包含约三百种芬香成分，其中有些成分也存在于苹果、花朵、咖啡中。

其他食材

洋葱

    洋葱是料理中不可或缺的存在。生洋葱的气味既清爽又辛辣，煮熟后的洋葱气味反而会大大减弱，口感也会变得甜软。这种特性使洋葱成为调味食材中的佼佼者，在众多菜品中默默贡献着自己的特殊香气，同时赋予菜品浓厚的口感，是调味食材中的"无名英雄"。

蘑菇

    蘑菇带有湿润的木质香，尝一口就能感受到土地与森林的气息。蘑菇品种繁多，气味各不相同。有时，蘑菇也可以和其他食材搭配，做出美味的菜品，比如橄榄油羊肚菌、奶油蘑菇浓汤和花菇瘦肉汤。

鸡汤

    我们在烹饪肉类的时候，经常会闻到一种特殊的香味，这是脂肪等成分经过加热散发出来的浓郁香气。在炖鸡汤的时候，也只需要简单加热，再加入一些香料和蔬菜，就能闻到独一无二的香气，令人垂涎欲滴。所以在烹饪其他食物的时候，也可以加入鸡汤来增加鲜味。

味道的融合

烹饪最大的乐趣在于我们可以把不同的食材搭配在一起，
创造出全新的味道。我想给大家介绍几份食谱，
让大家充分体会不同味道相互融合的美妙。

柑橘生鱼片

～烟熏三文鱼、柑橘、茴香～

这是一道口味绝佳的开胃菜，颜色清新明丽，像珠宝一样绚丽多彩。
柑橘和茴香的清爽气味能够很好地中和生鱼片的腥味，还能让整道菜的口感更加鲜美。

柑橘

柚子、橙子、橘子……你可以选择任意一种柑橘类水果作为配菜。切水果的时候记得把果汁收集起来，可以用它给沙拉调味，还可以用来腌制生鱼片。

生鱼片

你可以先试试烟熏三文鱼，因为它的味道相对清淡一些。重口味爱好者可以选择用柠檬汁和橄榄油腌制过的沙丁鱼。

坚果

核桃、松子、腰果……烘烤过的坚果味道更棒！坚果能给菜品带来浓厚的口感。

茴香

加入几片茴香，再用盐、橄榄油和柑橘汁调味，沙拉会变得清香爽口！别忘了最后再放上几片茴香叶子，让摆盘更加精致。

香草牛排

～牛排、大蒜、香草～

用香草搭配牛排？没错！
用香草代替烹饪牛排时常用的胡椒，可以获得非同一般的口感。

大蒜

大蒜和牛排是绝配！大蒜可以
增香和去除腥味，不过为了避免抢
走香草的风头，这道菜中大蒜的用
量要比平常减少一半。

香草

准备几根香草，在出锅前放在牛排上。
虽然整道菜的味道不会发生很大的变化，
但是牛排的口感会变得异常丰富！

洋葱

烤几片洋葱作为配菜，也可以
在烹饪前用洋葱碎腌制牛排。洋葱
可以让牛排变得更鲜嫩、更美味。

肉

通常我们选用牛排。猪排或者鸡
排也是不错的选择！

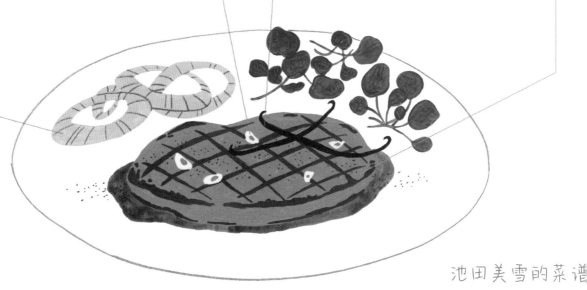

胡椒冰激凌

～冰激凌球、胡椒粉、饼干～

我的天哪！往冰激凌里撒胡椒粉，这样做也太奇怪了吧！
其实，胡椒可以突出冰激凌的奶香味，让它变得更加美味！

胡椒

最好用细胡椒粉而不是粗胡椒粒，否则冰激凌就会变得过于辛辣。当然，爱冒险的你也不妨试一试。

冰激凌

为了凸显胡椒的独特风味，一定要用含有奶油的冰激凌，可以根据你的喜好来选择口味，比如巧克力、香草、焦糖或者草莓口味的。

饼干或者坚果

在甜点中加入一些酥脆的食物绝对不会出错！曲奇饼干、榛果、杏仁甚至是巧克力碎都很不错哦！

薄荷罗勒鸡肉
三明治

~池田美雪的私房菜~

这是我的朋友
美雪，我们要
一起做这道菜！

你好！

很高兴
能与大家分享
我的菜谱。

食材 （2—3 人份）

 薄荷叶

 橄榄油

 帕尔玛奶酪

 罗勒叶

烤松子

 法式
乡村面包

 鸡胸肉

  大蒜

 盐

做法

1. 将 300 克鸡胸肉蒸熟，切成小块。

2. 取一杯薄荷叶、一杯罗勒叶、几瓣大蒜、60 克烤松子，在搅拌机中打碎。加入少许盐和 600 毫升橄榄油，制成青酱。

3. 在面包上抹一层青酱，然后撒上一层鸡胸肉块和奶酪，再盖上一片面包。

大功告成，请品尝！

怎么样？
探寻气味的过程
还顺利吗？

棒极了！
我从来没有闻过
这么多种气味！

你说得没错！
我很开心能够学习
气味和人体的相关知识。

这些知识很有用，
这样你就能让自己
保持清新的味道了。

我很开心能有机会了解
各种原料的气味。
其中有香水中的香气，
也有烹饪时的香气。

我们在日常生活中
竟然会用到那么多香料，
真是不可思议！
我相信，随着人们
对气味的了解逐渐加深，
生活也会更有趣、更美好！